Glaube
und
Wissenschaft

in Koexistenz.
Vom Urknall bis zum Ende der Erde.

Die Wissenschaft bestätigt die Bibel
mit dem Urknall begann die Schöpfungsgeschichte.

Diese Aufzeichnungen widme ich in Liebe unseren Söhnen
Jörg-Michael und Wolf-Rüdiger sowie unseren
Enkelkindern
Katharina, Christina, Theresa und Johannes
die mich veranlassten dieses zu schreiben.
Und nun auch den Urenkeln.

Glaube und Wissenschaft

Die Bestätigung meines Glaubens durch die Wissenschaft

von Fritz Idler

Impressum:

Fritz Idler: Glaube und Wissenschaft in Koexistenz vom Urknall bis zum Ende der Erde
1.Auflage-2018
Herstellung und Verlag: BoD - Books on Demand, Norderstedt
ISBN 978-3-7460-6346-1

Inhaltsverzeichnis

Prolog

Wenn ich mich nun aufgemacht habe diese Abhandlung zu schreiben, sind wiederum unsere Kinder, speziell die Enkelkinder, der Anstoß dazu, viele Erzählungen und Diskussionen der vergangenen Jahre zu dokumentieren.

Seit früher Kindheit interessierte ich mich für den Beginn der Erde und ihre Zukunft. Einiges wusste ich durch den Religionsunterricht, der in der Schule sehr dürftig war. Anderes hörte ich oder las es in Büchern. Ich war immer interessiert daran, was war und was kommt.
Meine Neigung zu diesem Thema wurde durch die unterschiedlichen Meinungen meiner Zeitgenossen bestärkt und führte zu umfangreichen innerlichen Diskussionen.
Die Literatur zu diesem Thema war damals recht spärlich. Geologie, Naturwissenschaft oder beispielsweise die Astronomie waren in unserer Schule Fremdworte.
Auf der einen Seite die Meinung, die Erde sei in sieben Tagen entstanden und auf der anderen Ebene die Frage: Wie entstehen in sieben Tagen Kohle, Öl, Diamanten und die vielen anderen Bodenschätze?

Später erfuhr ich dass diese These der Schöpfung in allen Religionen der Welt in der gleichen oder ähnlichen Weise beschrieben wurde. Im Judentum und Christentum dem Islam oder dem Buddhismus und etlichen weiteren Schöpfungsmythen.

Mein Trost war zu dieser Zeit meine Einsicht, woher sollten diese Menschen ihr Wissen zu diesem Thema haben, wenn ihre Lehrer auch nur ein begrenztes Wissen auf diesem Gebiet hatten.
Dieses Wissensgebiet war nicht lohnenswert. Ein Akademiker in dieser Zeit übte seinen Beruf als Architekt, Rechtsanwalt oder Arzt aus, um seinen Lebens-Unterhalt zu sichern.

Die Berufszweige der Naturwissenschaften oder Astronomie waren selten und wurden nur von Idealisten ausgeführt. Aus der Presse war ebenso wenig zu erfahren.

Mein Interesse auf diesem Gebiet wurde durch das Lesen der Zukunftsromane von Hans Dominik, wie beispielsweise: „Atomgewicht 500“, „Das Stählerne Geheimnis“, „Der Flug in den Weltraum“, „Himmelskraft“, „Der Wettflug der Nationen“, „Ein Stern fiel vom Himmel“, „Land aus Feuer und Wasser“ oder „Atlantis“, geweckt. Ebenso wie die Bücher von Jules Verne: „Die Reise um die Erde in 10 Tagen“, „Von der Erde zum Mond“, „Reise um den Mond, Fünf Wochen im Ballon“ und „Reise zum Mittelpunkt der Erde“.
Später hatte ich mir dann das Journal „Bild der Wissenschaft“ zugelegt, um mich über das Neuste auf diesem Gebiet zu unterrichten. Leider musste ich das Heft später abbestellen, weil sich die Berge der ungelesenen Hefte auftürmten. Ich hatte keine Zeit mehr zum Lesen. Mein Beruf füllte mich voll und ganz aus.
Erst als Rentner konnte ich mich wieder einem meiner Hobbys widmen. Auch habe ich mir die eben genannten Bücher antiquarisch bestellt und nochmals gelesen.
Das jetzt Geschriebene ist deshalb etwas laienhaft, aber dafür vielleicht besser verständlich. Ich gebrauche absichtlich nur wenige Fachausdrücke und will auch versuchen, so neutral wie möglich konfessionsfrei zu schreiben.
Auch benutze ich so wenig wie möglich Bibelverse, mit Ausnahme des Beitrages aus dem Beitrag „Das Millionenbuch“ Ich behaupte nicht, dass ich es besser weiß als die Wissenschaftler oder die Theologen. Ich schreibe einfach naiv.

Hansjörg Hemminger hat in seinem Buch „Und Gott schuf Darwins Welt“ geschrieben:

Die Gegenüberstellung von Glaube und Wissenschaft, von Tatsachen und Offenbarung ist zu naiv.

Der Duden schreibt zu naiv*: von kindlich unbefangener, direkter und unkritischer Gemüts-, Denkart (zeugend), treuherzige Arglosigkeit beweisend.*

So schreibe ich das alles, wenn auch naiv, aber für Euch hoffentlich verständlich und auch ein wenig interessant.

Nicht um meinen Glauben zu beweisen, sondern den Inhalt der Bibel vom

„Es Werde bis zum NEUEN HIMMEL UND ERDE“

durch die wissenschaftlichen Erkenntnisse zu untermauern.

Nun wäre es endlich an der Zeit dass real denkenden Wissenschaftler sich mit real denkenden Gläubigen auf Augenhöhe austauschen sollten und ihre nicht zugegebenen Übereinstimmungen gegenseitig respektieren und die Friedenspfeife rauchen.

Geglaubt wird auf beiden Seiten und Beweise werden auch gesucht und gefunden

Ein mir befreundeter Professor hat in einer Vorlesung einen Begriff der Bibel zitierte an den er glaube. Dafür wurde er angezeigt und von einem Gericht angeklagt mit dem Hinweis, die Bibel sei nicht beweisbar.

Wo bleibt da die freie Meinungsäußerung.

Peter Higgs, (nach ihm wurden dann die sogenannten Gottesteilchen, die Higgsteilchen benannt) ein Mann ohne große Titel, glaubte an Teilchen die nicht beweisbar erschienen. Wäre man nicht seinem Glauben, der anfangs belächelt wurde, nachgegangen und ihn weil sein Glaube nicht beweisbar ist angeklagt und seinen Glauben untersagt hätte man nie die in die Zukunft weisenden sogenannten Gottesteilchen gefunden.

Deren Beispiele gibt es eine Menge. Man denke nur an die jetzt nach hundert Jahren wissenschaftlichen bewiesenen Gravitationswellen im Weltall die Einstein damals vorhergesagt hat ohne es beweisen zu können.,er hatte es geglaubt. So geht es auch den denkenden Gläubigen die in vielen Dingen auch dem fundamentierten Wissen der sogenannten Wissenschaft glauben schenken muss. Denn die Wissenschaft beweist gewollt oder ohne Absicht das in

der Bibel niedergeschriebene, das zunächst von Generation zu Generation weitergegebene und dann ohne konkrete Begriffs - und Zeitvergleiche zu haben, niedergeschrieben wurde. .
Wie ich mit dieser Niederschrift darlege hat doch die Wissenschaft durch ihre Forschung, mit dem Fortschritt der Technik, bewiesen dass die Erschaffung der Erde im Gleichklang der Bibel von statten ging. Wenn man von Epochen und nicht von Tagen spricht.
Auch ist das Ende der Erde übereinstimmend mit den Erforschungen der Wissenschaft.
Wenn wir es erleben würden könnten wir mit Gewissheit noch mehr Übereinstimmungen zwischen den Nieder-Schriften der Vorzeit und den kommenden wissenschaftlichen Erkenntnissen erfahren.

Wie leicht könnte das Leben sein, wenn wir endlich einsähen, dass niemand in allem recht hat, aber viele in manchem, und dass nur durch Zusammenarbeit aller Gutgesinnten das Rechte zustande kommt.

Werner Braun

Meine ich auch noch in meinem 90ten Lebensjahr.

Glaube oder Wissenschaft
oder ist es besser
Glaube und Wissenschaft?

Zunächst sieht man meistens unter dem Titel „Glaube und Wissenschaft“ zwei verschiedene Fraktionen unterschiedlicher Meinung, die sich gegenseitig behaupten wollen. Andere gibt es, die sagen wissenschaftliche Erkenntnisse und religiösen Glauben darf man nicht miteinander vergleichen.

Jeder will Recht haben.

Dass das ganze Leben vom Glauben und Hoffen bestimmt wird, kann niemand abstreiten. Die Mutter glaubt und hofft ein gesundes Kind zu gebären, das Kind glaubt und hofft auf ein gutes Zeugnis, der Greis an eine bessere Zukunft im Jenseits. Der sogenannte Ungläubige glaubt und hofft, dass es mit dem Tod zu Ende ist. So könnte man unzählige Dinge nennen, die als Glaube herhalten müssen. Der religiös Gläubige glaubt nach den Glaubensgrundlagen seiner Glaubensgemeinschaft und hofft, auf die Erfüllungen seines Glaubens, die mehr oder weniger durch seine Gebete begleitet und seine Glaubenserlebnisse bestätigt werden. So sind Glaube und Hoffnung eng miteinander verbunden und ihnen ein steter Lebensbegleiter.
Meist beginnt der Wissenschaftler mit seinen Forschungen und Experimenten auch im Glauben und in der Hoffnung auf ein gutes Ergebnis seiner Arbeit. Damit ist das Ergebnis seiner erfolgreichen Arbeit noch nicht durch ein Dokument bewiesen. Sein Erfolg muss von jedem Interessierten nachvollziehbar sein. Er muss es beweisbar machen. Denn die Wissenschaft kann nicht an etwas glauben, sie muss es beweisen. Das heißt nicht, dass das Ergebnis unumstößlich ist. Neue Forschungen um das gleiche Objekt können durch neue oder andere Wege der moderneren

Techniken zu anderen Erkenntnissen führen. Das nennt man dann „Der neuste Stand der Wissenschaft".

Wikipedia schreibt: *Wissenschaft ist die Erweiterung des Wissens durch Forschung.*

Der Wissenschaftler zielt auf Ergebnisse und damit auf Beweise hin. Die Erschaffung der Erde im Wortlaut der Bibel ist jedoch nicht zu beweisen. Das kann er nur glauben, das ist für ihn keine Wissenschaft. Das schließt nicht aus dass viele Wissenschaftler gläubige, religiöse Menschen sind.

Albert Einstein schrieb:
„ **Wissenschaft ohne Religion ist lahm und Religion ohne Wissenschaft blind"**

Stephan Hawking der englische weltweit bekannte Physiker und Astrophysiker bezieht eine Existenz Gottes nicht in seine Forschung ein. Ein solches Verhalten muss doch zwangsläufig zu keinem objektiven Ergebnis führen.

Er sagt:

„Mann kann nicht beweisen, das Gott nicht existiert. Aber die Wissenschaft macht Gott überflüssig."
Stephan Hawking

Beim Glauben im religiösen Sinn ist es ähnlich. Obwohl man oftmals sagt: Glauben heißt nichts wissen. Oberflächlich gesehen sieht es auch so aus. Der Gläubige lebt aber meist glücklich und hoffnungsfroh das, was ihm gelehrt wurde. Er hat durch seine Glaubenserfahrungen die Beweise seines Glaubens erlebt und hofft durch die Nähe zu Gott im Gebet sein gestecktes Ziel zu erreichen. Glaube ist.
In der Bibel in Hebräer, Kapitel 11 Vers 1 - 3 steht:

Es ist aber der Glaube eine feste Zuversicht auf das was man hofft, und nicht sieht. Durch diesen Glauben haben die Vorfahren Gottes Zeugnis empfangen. Durch den Glauben erkennen wir, dass die Welt durch Gottes Wort geschaffen ist, sodass alles, was man sieht, aus Nichts geworden ist.

In diesen Versen ist in Kurzform beschrieben, was in vielen Kapiteln der Bibel steht.
Das heißt, wenn wir eine Symbiose zwischen Wissenschaft und Glaube eingehen, ist der Glaube in vielem beweisbar, ist meine Meinung.
Das heißt nicht, dass mein Glaube beweisbar sein muss. Ich möchte nur darstellen, dass das, was in der Bibel über die Entstehung der Erde bis zum Ende unseres Planeten geschrieben steht und die Wissenschaft das bewiesen hat.

Daher stellt sich zwangsläufig die Frage: Woher wusste der Schreiber von der Entstehung der Erde das alles so präzise? **Für mich heute noch das größte *Wunder aller Zeiten.*** Darunter verblassen für mich die sieben Weltwunder der Antike. Glauben ist das, was man nicht sieht und doch erhofft.
Wenn man den letzten Satz von Hebräer 11 nochmals nachdenklich nachliest, stellt man fest, dass der Schreiber dieses Verses im Glauben ohne Beweise auf das vertraute, was ihm überliefert wurde, von Begebenheiten aus einer Zeit, die ca.14 Milliarden Jahre zurückliegen.

Wenn der Schreiber des *Hebräerbriefes Vers 11* jetzt leben würde, könnte er mit Fug und Recht sagen:
„Ich habe doch Recht, die Wissenschaft hat meinen Glauben bestätigt. *Die Welt ist geworden, die Welt ist von Gott gemacht. Mein Glaube hat mir geholfen, mein Glaube ist zum Schauen gekommen*.“

Ich persönlich kann von mir sagen, dass das Werden des Universums und der Erde bis zu ihrem Ende, so wie es die Bibel beschreibt, und die Aussagen der verschiedenen Disziplinen der Wissenschaften nicht im Gegensatz stehen. Vom „es werde“ bis zum „und die alte Erde wird vergehen“.

Der Anfang : Schöpfung-Urknall

1.Mose 1, Vers 1
*Am **Anfang schuf** Gott Himmel und Erde.*
Und die Erde war wüst und leer, und es war finster auf der Tiefe, und der Geist Gottes schwebte auf dem Wasser.

Die Entwicklungen auf der Erde wird weitergehen, bis alles vollendet ist bis zum...

Ende :
Die Erde ist vergangen - Die Sonne löscht die Erde aus
Offenbarung 21 Vers 1
*Und ich sah einen neuen Himmel und eine neue Erde; Denn der erste Himmel und die erste Erde sind **vergangen.***

Von

A – O

Vom Anfang bis zum Ende

Vom „Es Werde“
bis zu
„Himmel und Erde werden vergehen“

Vom Urknall bis zum Verglühen
der Erde durch die Sonne
und

bis zu einem neuen
„Himmel und einer neuen Erde“

Die Schreiber der Bibel lebten ca. 600 Jahre vor unserer Zeitrechnung, also ungefähr vor 2600 Jahren. Die Bibel, wie wir heute sagen, wurde aus vielen Aufzeichnungen in den Schriften des Altertums zusammengetragen und verfasst. Diese waren auf Tontafeln und Schriftrollen in Keilschrift, Piktogrammen und anderer Schrift geschrieben. Diese Schriften ließen nur eine begrenzte Menge an Informationen zu, weil es nur Zeichen von begrenzter Anzahl gab. Für Dinge und Handlungen dieser Zeit und das meist in einer Bildersprache. Eine umfassende Information, wie wir sie in einem wissenschaftlichen Aufsatz über das Ereignis der Entstehung des Universums heute erwarten, war damals unmöglich. Man konnte nur das berichten, was damals mit Begriffen der Gesellschaft in Schriftzeichen möglich war.

In dieser Zeit herrschten noch unterschiedliche Meinungen über die Gestalt der Erde. Eine der damalige Meinung über die Erde war, die Form der Erde sei eine flache Scheibe auf dem Wasser schwimmend, wenn man diesen Rand der Scheibe überschreitet fällt man in den feurigen Abgrund.
Menschen anderer Meinung wurden als Ketzer in den Kerker gebracht oder verbrannt.
Das Fernrohr, das zur Erkundung des Weltalls erstmals benutzt werden konnte, wurde erst ca. 2000 später nach dem Schreiben der Entstehungsgeschichte der Erde erfunden. Es war die Zeit der Frühkultur. In dieser Zeit hatte man gerade gelernt die Schätze der Erde, Metalle, zu bergen. Diese Schätze der Natur kamen nur durch die sehr langsamen Prozesse der Entwicklungsgeschichte der Erde zustande. Gold und Silber konnte man schon schmelzen, da sie eine niedrigere Schmelztemperatur haben. Danach begann auch die Verarbeitung von Eisen. Das geschah vor etwa 2500 Jahren, eine für uns sehr lange Zeit. Wenn wir allerdings die Zeit durch ein Lebensalter von 80 Jahren

teilen, dann kommt einem die Zeit bedeutend kürzer vor. Es sind nur ca. 30 Lebenszyklen. Wenn eine Fliege in unserem Wohnzimmer aus dem Radio hören würde „Ich war noch niemals in New York“ (wenn sie das verstehen könnte), müsste sie denken „das ist für mich eine unerreichbare Utopie“. Für uns hieße das etwa: „Ich war noch niemals auf dem Mars.“ Das ist für uns derzeit auch nicht erreichbar.
Amerika hatte man etwa im Jahre 1000 entdeckt. Die erste Reise von Christoph Kolumbus dauerte vom August 1492 bis März 1493. Im Durchschnitt dauerte eine Reise damals ca. 70 Tage hin und zurück also 4 ½ Monate.

Heute macht man einen Trip nach NY in 2 Tagen hin und her mit Einkaufsbummel. Als ich mit der Concorde von Paris nach New York mit 2,25 facher Schall- Geschwindigkeit flog bin ich 3 Stunden früher angekommen als ich in Paris abgeflogen bin, also 3 Stunden schneller als die Erdumlaufgeschwindigkeit.

Man muss nur alles relativ sehen. Die Eintagsfliege in unserem Zimmer hatte ihren Lebensraum in unserer Wohnung gehabt und ihn in 1 bis 3 Tagen beendet. Das war ihre Welt, ihr Leben. New York - ein Märchen, eine Utopie oder was?
Die Entfernung von Deutschland nach New York beträgt etwa 5500 Km und eine Eintagsfliege fliegt pro Stunde etwa 2 Km also pro Tag 24 Km. Wollte unsere Fliege einen ununterbrochenen Flug nach NY anstreben müsste sie dazu über 500 Leben besitzen. Also eine Utopie?
Würde diese Fliege sich in ein Flugzeug begeben könnte sie in einem Leben NY erreichen.

Dies war nur ein kleines Beispiel bezüglich des räumlichen denken und dem Zeitbegriff. Später mehr dazu.

Aber nun zurück zu der Frage, wie ein Mensch von etwas berichten kann, das vor über 13 Milliarden Jahren (13 000 000 000) geschehen ist.
Wie kann jemand etwas über eine Zeit niederschreiben, in der es noch keine Menschen gab, sondern erst Milliarden Jahre später? Wer hat ihm das gesagt? Hat es ihm jemand offenbart?

Professor H. Rohrbach schreibt 1982 in der Zeitschrift Schritte:
Es ist, als ob der Prophet einen Film sieht, in dem der gewaltige Vorgang der Schöpfung, mittels Zeitraffer zusammengeballt, vor ihm abrollt. Er sieht Bewegungen, ein Geschehen und Werden, hört Gott reden, erkennt, wie die Erde sich mit Grün der Pflanzen bedeckt, und schaut alles plastisch wie in einem modernen dreidimensionalen Breitwandfilm in Ton und Farbe.

Wenn ich mir nun den Film im Zeitraffertempo im Nachhinein im Geiste „ansehe" muss ich zwangsläufig sagen, dass der „Regisseur" Spitze war.
Er hat bedacht, dass die Schreiber der damaligen Zeit vor über 2500 Jahren noch kein Vokabular hatten, um diese umfangreichen Ereignisse, für die es auch noch keine Begriffe gab, zu schildern, denn auch die Hintergrundbegriffe fehlten bislang. Man konnte damals nur solche Dinge als Bildzeichen einritzen, die gegenwärtig waren. Für Ereignisse, die man nicht kannte, gab es keine Schriftzeichen. Der „Film" berichtet korrekt in Kurzform, für jeden verständlich, die Entstehung von Universum und Erde. So konnte das Großereignis in 7 Epochen für alle Zeit für alle überliefert und niedergeschrieben werden.

Die Erde wurde bis zu diesem Zeitpunkt durch wechselhafte Naturereignisse geprägt.
Vom glühenden Stern über das Entstehen von Atmosphäre zur Bildung von Flora und Fauna bis zur Erschaffung des Menschen.

Im Anschluss will ich den Ablauf der Weltgeschichte aus der Sicht der Wissenschaft und des Bibellesers vom Anfang des Universums und der Erde bis zur Erschaffung des Menschen darstellen um euch das in einer Zeitleiste mitzuteilen, was ich in den verschiedenen Büchern und Filmen gelesen und gesehen habe.

Wissenschaft und Glaube in Koexistenz

Wissenschaft
Nun folgen Aussagen von namhaften Wissenschaftlern.
Ein großer Teil des Textes ist aus dem „Jahrmillionenbuch“ vom *„Wissen Media Verlag“ (mit Genehmigung)* und unter zu Hilfenahme der „ Zeitleiste“ aus diesem Buch geschehen.

Wissenschaftliche Beratung: Dr. Andreas Braun (Universität Bonn), Dr. Martin Sander (Universität Bonn), Dr. Frank Wiese (FU Berlin).
Diese wissenschaftlichen Erkenntnisse sind auf den folgenden Seiten im oberen Abschnitt aufgeführt.

Glaube
In der unteren Hälfte der folgenden Seiten findest du die glauben bezogenen Aussagen der Bibeltexte der Lutherbibel der Ausgabe von 1984.
Auch habe ich viele Kenntnisse auf diesem Gebiet aus Büchern, die ich gelesen habe, niedergeschrieben.
Leider kann ich die konkreten Nachweise darüber nicht mehr genau definieren. Eine Auswahl dieser Bücher findest du am Ende dieser Aufzeichnungen auf Seite 62
Die von mir interpretierten Erkenntnisse sind nach bestem Wissen ohne Anspruch auf Vollständigkeit auf diesem Gebiet entstanden. Das ist der unvollständige Stand meines Wissens.
Ich möchte nur versuchen euch zu vermitteln dass für mich **Glaube und Wissenschaft** zusammen gehören und durch mein Wissen mein Glaube bestätigt wurde.

Wenn dir das Lesen des oberen Teiles der folgenden Seiten zu anstrengend ist, so lese den unteren Teil sehr aufmerksam und vergleiche die 7 Tage mit den 7 Epochen bei der Länge der Tage mit der Zeitdauer in der Wissenschaftlichen Zeitleiste im oberen Teil der Seite.
Du wirst feststellen dass der Ablauf deckungsgleich aber in unterschiedlichen Zeitbegriffen ablief. - Also Bibelgenau wissenschaftlich bewiesen.

Wissenschaftliche Zeitleiste

aus „Das Jahrmillionenbuch" erschienen im Wissen Media Verlag Gütersloh / München.

----- Um 13,7 Milliarden v. Chr.------------ 4,1 Mrd. v. Chr.------

Aus einem extrem dichten, heißen Ausgangsstadium entsteht explosionsartig das Universum. Mit ursprünglichen Wasserstoff- und Heliumatomen bilden sich die Grundbausteine des Weltalls. Die Bindung der Elektronen an die ersten Atome ermöglicht den Photonen, sich über lange Strecken frei zu bewegen. Die so entstehende kosmische Hintergrundstrahlung macht das Universum >durchsichtig<. Aus den Sternen der ersten Generation in interstellaren Gaswolken bilden sich Galaxien, die ersten großräumigen Strukturen des Universums. Die Milchstraße kollidiert mit zwei kleinen Galaxien. Im Zentrum einer Gas- und Staubwolke bildet sich die Proton Sonne. Sie saugt durch Gravitation Staub und Gas an, bis es in ihrem Zentrum zu bis heute andauernder Kernfusion kommt. **Aus einer Zusammenballung mehrerer Kleinkörper entsteht die Erde. Auch die anderen Planeten unseres Sonnensystems bilden sich.** Durch den Einschlag eines anderen Himmelskörpers wird aus dem Mantel der Erde Gestein ins All geschleudert, aus dem der Mond entsteht.

.....1,Mose (Genesis)1 Vers 1.....Am Anfang.................

Am Anfang, vor ca. 13,7 Milliarden Jahren, ist der Beginn unseres Universums. Nach dem „Es Werde" haben sich die Sterne aus den Grundbausteinen und der Gravitation im Weltall gebildet. Ebenso Sonne, Erde und Mond, nachdem sie ihre präzise Stellung auf dem langen Weg des Werdens gefunden haben. Die Erde ist ein aus Gas und Staub brodelndes ödes, leeres mit Lava überzogenes, kugelähnliches Gebilde. Die steten Einschläge aus dem Weltall und die vielen Vulkanausbrüche fördern Gas- und Aschewolken an die Oberfläche. Die Gestalt der Erde verändert sich immer wieder und erkaltet langsam. Asteroiden brachten Wasser auf die Erde, Es beginnt zu regnen. Wolkenbrüche von enormen Ausmaßen gehen nieder, Flüsse und Ozeane entstehen. Die Temperatur liegt über 100 Grad Celsius. Wasserdampf und Aschewolken hüllten die Erde undurchsichtig ein. Das explosionsartig entstehende Universum dehnt sich immer mehr aus. Die Grundlage für unseren heutigen **Planeten Erde und allem Leben an Flora, Fauna und dem Menschen ist geschaffen. Das dauerte allerdings 9 Milliarden Jahre.**

----*Um 4,1 Mrd. v. Chr.------- 1400 Millionen Jahre v .Chr.---

Die Phase intensiver Bombardierung durch Meteoriten endet. Die Gesteinsplaneten des Sonnensystems können Oberflächenstrukturen auslösen. Erste feste Stücke der Erdkruste entstehen, als sich die von flüssiger Lava bedeckte Oberfläche abkühlte. Die Erde ist einem kontinuierlichen Meteoritenhagel ausgesetzt. Durch die Einschläge verändert sich die stoffliche Zusammensetzung der bereits gefestigten Erdkruste. Durch die Aktivität aus dem Meer ragender Vulkane entstehen die sogenannten Urkontinente. Vulkangesteine und Sedimentgesteine lagern sich wechselseitig ab. **Bakterien sind die ersten lebenden Organismen**. Einige Bakterienarten entwickeln Fähigkeiten zu Chemosynthese und Photosynthese. Einige Festlandskerne schließen sich zu einem Ur - Europa zusammen. **Der größte und wichtigste Kern ist der Baltische Schild.** Die in den Flachmeeren lebenden Stromatolithen (Kolonien aus Cyanobakterien) erleben eine Blütezeit. Sie produzieren freien Sauerstoff, der in die Atmosphäre gelangt. **Bakterien mit Zellkernen (Eukaryonten) sind die ersten höheren Lebewesen.**

-----*1.Mose1 Vers 1-5 „Es werde Licht und es ward Licht.... ...Da schied Gott das Licht von der Finsternis und nannte das Licht Tag und die Finsternis Nacht.“

Vor ca. 4 Milliarden Jahren bestand die Atmosphäre vermutlich aus einem Gemisch aus Wasserdampf, Kohlenstoffdioxid, Schwefelwasserstoff und Spuren von mehreren anderen Stoffen. Ein Produkt des Vulkanismus. Im Ur-Ozean, der aus dioxinhaltigem Wasser bestand, lebten die ersten Bakterien. Sie sind die ersten lebenden Organismen. Sie bildeten Sauerstoff. Ein Dauerregen von ca. 40.000 Jahren auf die noch heiße Erde bewirkte eine dicke, die Erde umhüllende, dunkle, undurchsichtige Ruß und Staubschicht. Ein Tag dauerte etwa 5 Stunden. Die geschaffenen Licht – Körper, Sonne und Mond, sind nur schemenhaft sichtbar. Sterne sind durch diesen schwarzen Himmel nicht zu sehen. Tag und Nacht wurden nun zu einem messbaren Zyklus.

Das war der 1. Tag

----*Um 1400 Mio. v. Chr.---------------------440 Mio. v. Chr.-----

Die Bedingungen in den Weltmeeren und in der Erdatmosphäre nähern sich heutigen Verhältnissen an. Als früheste mehrzellige Lebensformen entstehen die Intervertebralen. Sie besitzen weder ein Skelett noch eine harte Außenschale. Mit den Chordatieren entsteht der am höchsten entwickelte Stamm aller Lebewesen. Aus dem Namen gebenden Stützstrang (Chorda) entwickelt sich später die Wirbelsäule. In den kambrischen Meeren entwickeln die ältesten Pflanzen der Welt, die Algen, neue Formen. **Weite Teile der Festlandgebiete sind von Meer bedeckt (Transgression).** Die Trilobiten erreichen den Höhepunkt ihrer Entwicklung. Sie stellen einen Großteil der Leitfossilien des Ordiviziums. Erste bescheidene Kohlevorkommen bilden sich durch Inkohlung von Algen. Zuvor sind schon kleine Erdgasstätten entstanden. Mit der Entwicklung eines Schalenschlosses schaffen die Armfüßer (Brachiopoden) die Voraussetzungen, um sich den Lebensraum der Brandungszone zu erobern. Dem ersten großen Massen aussterben der Erdgeschichte fallen zahlreiche Tiergruppen, vor allem der Brachiopoden und die Trilobiten, zum Opfer.

.....*1.Mose1 Vers 6-8 „Es werde eine Feste zwischen den Wassern, die da scheide zwischen den Wassern. Da machte Gott die Feste und schied das Wasser unter der Feste von dem Wasser über der Feste.“

Durch die zunehmende Sauerstoffproduktion der Bakterien und Algen stieg der Sauerstoffgehalt in der Atmosphäre, Es bildete sich sauerstoffhaltiger Regen. Der flutartige Regen fand ein Ende. Es bildeten sich Flüsse. Das Festland begann seine Form anzunehmen, um die Voraussetzungen für die kommenden Pflanzen und Tiere zu schaffen.

Das war der 2. Tag

--*Um 440 Mio. v. Chr.------------------------360 Mio. v. Chr.----

Bei einigen der primitiven Fische des Silius bildet sich ein Kiefer heraus. **Meeresskorpione und im Wasser lebende Tausendfüßer sind die ersten Tiere, die das Festland betreten. Urfarne sind die ersten Pflanzen, die nachweislich Festland erobern. Das erste fossil belegte Insekt an Land** ist der zur Gattung der Springschwänze gehörende Rhyniella praecurso. Der südliche Urcontinent Gondwana bildet zum letzten Mal eine in sich geschlossene, riesige Landmasse. Die variskische Gebirgsbildung setzt ein. Sie ist die Ursache für die Entstehung zahlreicher deutscher Mittelgebirge. In der europäisch amerikanischen Arktis fallen zahlreiche Arten der Wirbellosen und Oanzerfische einem Massensterben zum Opfer. In der Pflanzenwelt setzt das sekundäre Dickenwachstum ein, das zur Bildung von Holz führt. Amphibien entwickeln mit der Gattung Acanthostega eine zweite Gruppe von Landwirbeltieren neben Ichthyostega.

-----1.Mose 1 Vers 9-13. „Es sammle sich das Wasser, unter dem Himmel an besondere Orte, dass man das Trockene sehe. ...Und Gott nannte das Trockene Erde, und die Sammlung der Wasser nannte er Meer. Es lasse die Erde aufgehen Gras und Kraut, das Samen bringe, und fruchtbare Bäume auf Erden, die ein jeder nach seiner Art Früchte tragen, in denen ihr Same ist. Und die Erde ließ aufgehen Gras und Kraut, das Samen bringt, ein jedes nach seiner Art.“

Die Voraussetzungen für die Landtiere sind geschaffen. Gras, Kräuter und Bäume konnten nun überall wachsen. Ab jetzt begann die Photosynthese. Die Flora produziert Sauerstoff für die Fauna. Der Kreislauf des Lebens auf der Erde hat begonnen.

Das war der 3. Tag

----*Um 360 Mio. v. Chr. -------------------— 205 Mio. v. Chr.---

Auf der Nordhalbkugel setzt die Bildung großer Kohlelagerstätten ein, die dem Zeitalter des Karbons seinen Namen verleihen. Im Zuge der variskischen Gebirgsbildung wird in Europa ein Hochgebirgssystem aufgeworfen, das von französischem Zentralmassiv bis nach Böhmen reicht. Mit dem ersten Auftreten ihrer ersten geflügelten Vertreter (Pterygoten) erfahren die Insekten einen Evolutionsschub. Die ersten vom Wasser wirklich unabhängigen Vertreter der Reptilien bilden sich in Sümpfen des heutigen Ostkaukasus heraus. Walchien sind die früheslen Vertreter der Nadelbäume, die bis in die Neuzeit die Flora der Nordhalbkugel prägen. Auf Höhe des Äquators bildet sich langsam das Ur – Mittelmeer Tethys heraus, das später die Großkontinente Gondwana und Laurasien trennten. Bei den Insekten bildet sich die Ordnung der Käfer (Coleoptera) heraus, die zur artenreichsten Gruppe der Tierwelt werden. Die frühen Archosaurier sind die Vorläufer der Dinosaurier, die die größten Landlebewesen aller Zeiten darstellen. Flugsaurier sind die ersten Wirbeltiere, die den Luftraum erobern. Zu den wichtigsten Vertretern zählen Eudimorphodon, Pedeinnosaurus und Preondactylus.

.....1.Mose 1 Vers 14-18 „Es werden Lichter an der Feste des Himmels, die da scheiden Tag und Nacht und geben Zeichen, Zeiten, Tag und Jahre und seien Lichter an der Feste des Himmels ,dass sie scheinen auf die Erde. Und Gott machte zwei große Lichter: ein großes Licht, das den Tag regiere, und ein kleines Licht, das die Nacht regiere dazu auch die Sterne. Und Gott setzte sie an die Feste des Himmels, dass sie schiene auf die Erde und den Tag und die Nacht regierten und schieden Licht und Finsternis.“

Nun hatte sich der Wasserdampfschleier Dank der enormen Sauerstoffproduktion gelöst. Die Wolkendecke lockerte sich auf Sonne und Mond waren Tag oder Nacht sichtbar. Die Sternenwelt war erstmals in all ihrer Pracht zu sehen.

Das war der 4. Tag.

--*Um 205 Mio.v.Ch.-------------------------65,5 Mio. v. Chr.-----

Die ersten primitiven Säugetiere- fleischfressende Triconodonten- bevölkern die Erde. Weite Gebiete Europas sind vom Jurameer bedeckt. Mit den Eupantothieria erscheinen primitive Säuger, die als Vorfahren aller heutigen Säugetiere gelten. Der zu den Pflanzenfressern zählende Brachiosaurus läutet die Ära der gewaltigen Landwirbeltiere ein. In Süddeutschland lebt mit Archaeopteryx der sog. Ur – Vogel, das Bindeglied in der Entwicklung der Saurier zu den modernen Vögeln. Das im heutigen Israel nachgewiesene Reptil Pachyrhachis problematicus gilt als Urahn der heutigen Schlangen. Eine explosive Entwicklung erlebten die Bedecktsamer, die 95 Prozent aller lebenden Pflanzen stellen. Der größte fleischfressende Landdinosaurier der Erdgeschichte, der Tyrannosaurus Rex, durchstreift den nordamerikanischen Kontinent. Die Verteilung der Landmassen auf der Erde entspricht bereits in Grundzügen den Verhältnissen der Neuzeit. Die ersten Gräser treten auf. Mit ihrem Erscheinen sind die Grundlagen für die späteren Lebensräume, Steppe und Wiese, gelegt.

.....1. Moses 1 Vers 20-22 „Es wimmle das Wasser von lebendigem Getier, und Vögel sollen fliegen auf Erden unter der Feste des Himmels .Und Gott schuf große Walfische und alles Getier, das da lebt und webt, davon das Wasser wimmelt, und ein jedes nach seiner Art.“

Die Kontinente beginnen auseinander zu treiben. Dinosaurier bevölkern die Erde. Wassertiere bevölkern schon länger die Meere. Die ersten primitiven Säugetiere leben auf der Erde. Es ist die Zeit in der die Saurier in ihren unterschiedlichen Arten leben. Die Gräser, Steppen und Wiesen sind geworden.

Das war der 5. Tag----

***Um 65,5 Mio. v .Chr.------------------------ 7 Mio. v. Chr.----**

Einem weltweiten Artensterben an der Kreide – Tertiär - Grenze fallen zahlreiche Tiere, darunter sämtliche Dinosaurier, zum Opfer. Nach dem Artensterben bringen die Insekten zahlreiche neue Formen heraus. Die anhaltenden Kontinentalverschiebungen führen zu neuen Strömungsverhältnissen in den Weltmeeren, die das Weltklima maßgeblich verändern. Im Zuge der alpidischen Faltung entstehen die Alpen. Gleichzeitig enthält das Mittelmeer seine heutige Gestalt. Mit der Grube Messel entsteht nahe dem heutigen Darmstadt eine der bedeutendsten Fossil - Lagerstätten der Welt. Bei den Vögeln bilden sich zahlreiche moderne Formen heraus, darunter Spechtarten, Ziegenmelker artige und Mausvögel. Mit den *Schweine artigen* erscheinen erste Vertreter der Paarhufer, die heute die artenreichste Ordnung der Großsäuger stellen. Die allgemeine Abkühlung des *Weltklimas* führt in Europa zu einem schleichenden Florenwandel, der die Ausbreitung von Mischwäldern fördert. Das in Nordamerika verbreitete Mesohippus stellt die Übergangsform zu den modernen Pferden dar. Weltweit breiten sich Steppenlandschaften
aus

.....1.Mose 1 Vers 24-25 „Die Erde bringe hervor lebendiges Getier, ein jedes nach seiner Art: Vieh, Gewürm und Tiere des Feldes, ein jedes nach seiner Art. Und Gott machte die Tiere des Feldes, ein jedes nach seiner Art und alles Gewürm des Erdbodens nach seiner Art.“

Die erste Generation der Tierwelt wurde durch ein weltweites Artensterben ausgerottet. Die Kontinente verschoben sich, wodurch die Strömungen der Weltmeere sich veränderten und sich ein neues Weltklima entwickelte. Unsere heutige Fauna und Flora entstand. In Europa entwickelten sich die heutigen Mischwälder. Die Voraussetzungen für den kommenden Menschen sind in unvorstellbaren langen Zeitrhythmen geschaffen worden. Gras, Kraut und Rüben, die Körnerfrüchte und die Tierwelt in ihrer Vielfalt sind nun da. Die Lebensbedingungen für Flora, Fauna und den Menschen sind geschaffen. Nun kann der Mensch alles übernehme

---*Um 7Mio.v. Chr.-----------------------------1,8 Mio. v. Chr.----

Diese Landschaften sind durch lange Trockenperioden und erheblichen Temperaturschwankungen zwischen Tag und Nacht gekennzeichnet. Im ostafrikanischen Kenia tritt der erste unbestrittene Vorfahr aller Menschenaffen und Menschen in Erscheinung: Proconsul. In Zentralafrika lebt mit dem Sahelanthropus Tchadensis das älteste bis heute bekannte Mitglied der Menschenfamilie. Der Isthmus von Panama, die Landbrücke zwischen Nord- und Südamerika, fällt trocken. Die Fauna Südamerikas verändert sich grundlegend. Die Arktis ist beinahe vollständig mit Eis bedeckt. Die Durchschnittstemperaturen auf der Erde sinken, Kälte liebende Formen breiten sich aus. In Südafrika tauchen mit dem Homo habiles und dem Homo rudolfensis die ersten Vertreter der Gattung Homo auf. Mit dem Homo erectus tritt eine der erfolgreichsten Homniidenarten ihren Siegeszug über die Welt an.

Der Mensch hat die Erde erobert

....1.Mose 1 Vers, 26-31 „Lasset uns Menschen machen, ein Bild das uns gleich sei, die da herrschen über die Fische im Meer und über die Vögel unter dem Himmel und über das Vieh und über alle Tiere des Feldes und über alles Gewürm das auf Erden kriecht. Und Gott *schuf den Menschen zu seinem Bilde, zum Bilde Gottes schuf er ihn; und schuf sie als Mann und Frau.* Und Gott segnete sie und sprach zu ihnen:

Seid fruchtbar und mehret euch und füllet die Erde und machet sie euch untertan und herrscht über die Fische über das Vieh und über alles Getier, das auf Erden kriecht. Und Gott sprach: Sehet da, ich habe euch gegeben alle Pflanzen, die Samen bringen, auf der ganzen Erde, und alle Bäume mit Früchten, die Samen bringen, zu eurer Speise. Aber allen Tieren auf Erden und allen Vögeln unter dem Himmel und allem Gewürm, das auf Erden lebt, habe ich alles grüne Kraut zur Nahrung gegeben. Und es geschah so. Und Gott sah alles, was er gemacht hatte, und siehe, es war alles gut.“

Das war der 6. Tag

Die Entstehung der Erde in 7 Epochen

1. Trennung zwischen Licht und Finsternis,
es entsteht Tag und Nacht. Durch die Aschewolke
ist die Sonne nicht sichtbar.

2. Die Entstehung von Atmosphäre. Trennung von Meer und Erdumhüllung.

3. Emporsteigen von Landmasse, Gebirge entstehen, die Voraussetzung für Pflanzen und Tiere sind gegeben.

4. Die undurchsichtige Wasserdampf - Erdhülle wird durchsichtig. Trennung von Finsternis und Licht. Die Sonne, Mond und Sterne sind sichtbar. Die Sonne erweckt Leben.

5. Die Kontinente bilden sich. Fauna und Flora entstehen.

6. Fauna und Flora bilden die Grundlage für die Tiere und den Menschen. Die Menschen verbreiten sich auf der Erde.

7. Mose 1.1. Vers 2.
So wurden vollendet Himmel und Erde mit ihrem ganzen Heer. Und so vollendete Gott am siebten Tage seine Werke, die er machte und ruhte...............

Meine Meinung ist, dass nach dem „ES WERDE“ die Ruhe eingekehrt ist und Gott nach dem „ERSCHAFFEN“
allem in seinen gegebenen Naturgesetzen freien Lauf gegeben hat bis der „DER NEUE MENSCH“, der „NEUE HIMMEL“ und die „NEUE ERDE“ entstanden sind.

Nach wissenschaftlichen Aussagen ist das Universum aus Nichts entstanden

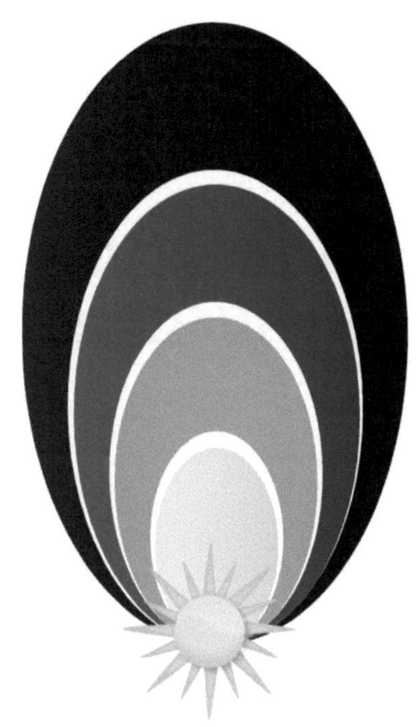

<u>0 + 0 = 0 oder ?</u>

Mit dem Urknall begann die Schöpfungsgeschichte.

Heute geht die Entwicklung der Erde so wie in der Bibel beschrieben und ebenfalls von der Wissenschaft deckungsgleich bestätigt bis zum Ende weiter.

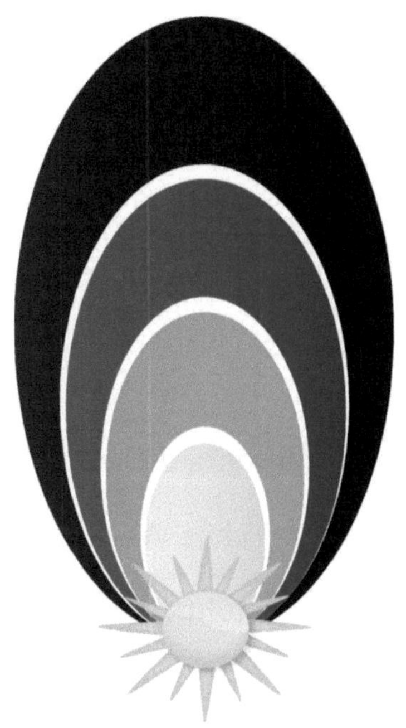

Materie - Geist und Leben – Energie

Nach der Bibel ist alles aus der Kraft und Allmacht Gottes entstanden.

Ein Mensch der Gott ähnlich ist ?

Das ist noch ein langer Weg, bis die Entwicklung des Menschen beendet ist und er damit ein Ebenbild Gottes sein wird. Betrachten wir den heutigen Menschen. Er ist es bei weitem noch nicht. Dass der Mensch, wie er am Anfang war, nicht Gottesebenbild sein konnte, leuchtet doch jedem ein. Eine Frage: Ist der Steinzeitmensch, der Sammler und Jäger, der mit Steinwerkzeugen mühselig seine Nahrungsmittel erkämpfte, ein Mensch wie der Ötzi, der 1991 in der Ötztaler Alpen im Eis konservierte Mann, der vor ca. 5200 Jahren lebte? Seine Bekleidung war aus Fellstreifen hergestellt und mit Graspolster wärme dämmend ausgepolstert. Ein mit Bogen, Pfeil und Dolch aus Feuerstein und Kupfer bewaffneter und mit einem Beil ausgerüsteter Jäger. Der offensichtlich von Artgenossen durch einen Pfeilschuss und einen Schlag auf den Kopf beseitigt wurde.

Sieht so das „Ebenbild Gottes“ aus?

Dann wäre er ein erbärmliches Wesen.

In 1. Mose. 1. Vers 26 steht: „Dann sagte Gott: *Lasset uns Menschen machen nach unserm Bilde, die uns ähnlich sind.“*

Uns sagt das unmissverständlich, dass Gott nicht allein tätig ist. Wenn er auch der alleinige uneingeschränkte Leiter des „Es werde“ bis zur „Neuen Erde und zum Neuen Himmel“ und darüber hinaus ist. Er hat sicherlich noch mehrere Mitarbeiter. Einen hatte er ja nach einigen Querelen aus seinem Reich gewiesen.

Was sagt das Wort **machen**? Machen, sagt nicht, ich präsentiere dir etwas Fertiges.

Der Duden sagt dazu: *Etwas in einen bestimmten Zustand bringen, etwas werden lassen.*

Das war auch bei den ersten Menschen ein Anfangszustand. Der Anfangszustand einer langen durchdachten Entwicklung. Er stellte ihn in diesem Zustand über Pflanzen und alle Tiere mit den Worten“ ***Seid fruchtbar und mehret euch, füllet die Erde und machet sie euch untertan....*** 1.Mose 1 Vers 28.

Er hatte den Menschen im Unterschied zu den Tieren mit der Sprache, mit Geist, dem freien Willen, dem kreativen Denken, mit der Intelligenz der Schuld und Verantwortungsgefühle und vielem mehr ausgestattet. Der Mensch verfügt über Fähigkeiten, schöpferisch und erfinderisch tätig zu sein. Das sind Fähigkeiten, die Tiere nicht haben. Wenn auch Affen in der DNA-Struktur dem Menschen ähnlich sind, ist der Mensch mit dem Odem Gottes ausgestattet, ein Mensch und nicht ein Genosse der Affen.

H.Hemminger schreibt in Seinem Buch „Und Gott schuf Darwins Welt:
Der Mensch teilt 80 % seines Genoms mit Mäusen, 40 % mit grünem Salat. Trotzdem kommt niemand auf die Idee zu behaupten, das Wesen des Menschen sei dreiviertel Nagetier oder knapp die Hälfte Grünzeug.

Der moderne Mensch, wie er genannt wird, ist in Afrika entstanden und hat vor ca. 70 000 Jahren Afrika verlassen und in langen Perioden die ganze Erde besiedelt. Gemäß den Worten, der Mensch solle sich die Erde untertan machen. Genau so, wie es die Wissenschaft nachweist und zuvor in der Bibel beschrieben wurde.

Am Beispiel Ötzi sehen wir, das die Entwicklung des Menschen, wenn auch langsam, einen enormen Fortschritt genommen hat. Heute reist man nach Kairo um die Cheops - Pyramiden zu bestaunen. Sie sind das einzige der sieben Weltwunder, das die Zeit überstanden hat. Das waren damals Prestigeobjekte der Herrscher, die mit unsagbaren Leiden und Verlusten von Menschen innerhalb von 120 Jahren von 2590 -2470 vor Christus hergestellt wurden. Wir bestaunen heute die Technik der Antike und das damalige Können.

Ein heutiger Baumeister mit den Techniken und Maschinen von heute stellt Bauwerke mit immer größeren Dimensionen und Größen her. Die Techniken und Berechnungen von damals, beherrscht heute ein Schüler an der Berufsschule. Der menschliche Geist hat sich entwickelt und ist in seiner gottähnlichen Entwicklung noch lange nicht am Ende.
Die Entwicklung des Menschen wird erst abgeschlossen sein, wenn der „Neue Himmel und die Neue Erde“ erschaffen sind.

Durch die gewaltigen vermeintlichen Katastrophen durch Vulkane, Erdverschiebungen, Eiszeiten und vielen Erdveränderungen größerer Ausmaße wurden die Voraussetzungen für unsere Lebensbedingungen geschaffen. Dies alles in einer fast unbegreiflich langen Zeit, die unbedingt notwendig war, um z.Bsp. Gas, Öl, Kohle und die unterschiedlichsten Metalle zu schaffen.
Dann kam der Rat: **Macht euch die Erde untertan.** Ernährt euch durch das Geschaffene. Der Mensch kann sich aus den Vorkommen der Erde bedienen. Kohle, Öl, Gas und die verschiedenen Erze in Verbindung mit den Erfindungen

haben uns zu diesem Erfolg geführt. Das alles hat uns zu den, wie wir sagen, zivilisierten Menschen gemacht.

Ohne diese enormen Vorräte könnte heute nicht die ganze Welt den explodierenden Fortschritt der Technik erleben. Woher und warum diese Welt mit allem was uns dient ausgestattet wurde, wird leider immer mehr vergessen. Würden die Menschen daran denken, gingen sie eventuell besser damit um.

Das Chaos der Urzeit und der verschiedenen Eiszeiten der Erdgeschichte haben das heutige Bild der Erde geprägt. Wir müssen uns nur vor Augen führen, dass die letzte Eiszeit, die über Europa lag, erst vor etwa 10 000 Jahren endete. Im Anschluss folgte eine Warmzeit, in der im Main Flusspferde badeten und exotische Tiere in Europa lebten. Als diese Warmzeit vorbei war, entwickelte sich langsam unser heutiges Klima. Klimawandel fanden schon immer statt und werden sich im Ablauf der Erdgeschichte immer wiederholen. Durch die wissenschaftlichen Erd - und Eisbohrungen, speziell in der Arktis, wo im Dauerfrost keine Verwitterung stattfindet, konnte man diese steten Klimawandel erforschen. In Grönland ist es einem Forscherteam gelungen bei einer Eiskern Bohrung bis auf eine Tiefe von über 2,5 Kilometer bis auf das Felsgestein vorzudringen. Dabei fand man direkt auf dem Felsgeröll Rückstände von Palmbäumen. Die Jahresablagerungen geben ähnlich wie bei den Jahresringen der Bäume, Auskunft über den Jahresverlauf. So bezeugten diese dass vor 130.000 Jahren auf Grönland ein warmes Klima herrschte bei dem in der Arktis Palmbäume wuchsen.
Als wir im Hintertaunus bauten, fanden wir viele Steine, in denen Muscheln versteinert waren, aus einer Zeit als es noch keinen Taunus gab. Auch fanden wir den „Dreilapper“ (Trilobiten).

Wikipedia schreibt dazu: *Die Trilobiten existierten nahezu während der gesamten Spanne des Erdaltertums, Beginn vor 521Mio. Jahren bis zum Massensterben am Ende, vor etwa 251Mio. Jahren. Ihre mit Calciumcarbonat zu einem Panzer verstärkten Außenskelette sind als Fossilien in großer Zahl erhalten geblieben und ermöglichen so, die Evolution und den Formenreichtum der zahlreichen Arten zu rekonstruieren.*

Mit den radiometrischen Messmethoden kann man das Alter der Fossilien mit Abweichungen, die wir im Verhältnis zum Gesamtzeitalter der Erde vernachlässigen können, nachweisen. Algen und andere Formen des Frühzeitalters der Erde, die keine festen Außenskelette hatten, sind daher kaum nachweisbar.
Auch hier gibt es eine Gruppe der Menschen, die diese Methode anzweifelt.

Zu denen, die das anzweifeln, sagt Don Batten im Buch „ Fragen an den Anfang“ auf Seite 97:

Es ist genau so abwegig, als wenn man sagt, Gott habe die Fossilien in der Erde geschaffen, um uns an der Nase herumzuführen oder gar um unseren Glauben zu prüfen.

Europa war ein enorm großer Ozean. Grönland (Grünland) lag, wie auch Gesamteuropa, zu jener Zeit unter einer dicken Eisschicht. Einst war es ein grünes Land, in der Braunbären lebten und sich unter anderem von Hasen und Füchsen ernährten. Diese Eiszeit dauerte ca. 100 000 Jahre. Die Erdentwicklung ging immer, für unsere Verhältnisse, sehr langsam vor sich. Eine sehr weise Maßnahme. Als Grönland sich langsam mit Eis bedeckte konnten sich alle Lebewesen, Pflanzen und Wälder ihrer

Umgebung anpassen. So auch der Braunbär. Er nahm die weise Farbe an. Ebenso Füchse und Hasen. Da die Hasen und Füchse bei der eisigen Umwelt nicht mehr zu jagen waren, ernährt sich der Eisbär von den jagdbaren Meerestieren. Wir sehen, dass die Anpassung in die Naturgesetzgebung eingebettet ist. Ich möchte nichts klein reden, aber die Naturereignisse können wir nicht in ihrem Lauf einhalten.
Höchstens mit Vernunft etwas verzögern. Der Lauf der Erdgeschichte ist nicht zu verändern, und sollte es wärmer werden, wird auch der Eisbär langsam wieder eine braune Farbe annehmen.

Nach den Gesetzen der Kosmischen Mechanik, wird nach der von Menschen gemachten Erderwärmung, die nächste Eiszeit erst in ca.60.000 Jahren stattfinden.
(PIK) Potsdamer Institut für Klimaforschung.

Es wird sich auch zutragen, was in der Offenbarung der Bibel vorausgesagt ist: **„Himmel und Erde werden vergehen....“** Dass das zu unserer Lebenszeit eintreten wird, müssen wir nicht befürchten.

Das ist noch ein langer Weg. Bis dahin wird sich noch viel ereignen. Das sehen wir an der rasanten Entwicklung der Technik. Die gewaltige Fähigkeit des Menschen ist der Forschungs- und Erfindergeist, ein schöpferischer Geist, der nur dem Menschen gegeben ist. Eine Gabe, Neues zu ersinnen und herzustellen. Dieses hat die Welt in immer kürzeren Zeitabständen enorm verändert.

40 000 Jahre v. Chr. wurden Steinwerkzeuge benutzt, 3500 v. Chr. das Rad im Orient erfunden, 3000 v. Chr. Bronze und 1500 v. Chr. Eisen geschmolzen und 1436 n. Chr. der Druck

erfunden. 1690 das erste Teleskop, 1690 die Dampfmaschine, 1835 fuhr die erste Eisenbahn von Nürnberg nach Fürth. Man befürchtete, dass die Kühe wegen der hohen Geschwindigkeit (28Km/h) der vorbeifahren Züge keine Milch mehr geben würden.
Das war die dreifache Geschwindigkeit, der damals schnellsten Verbindung, zwischen Dörfern und Städten, die der Postkutsche. Heute fahren die Züge mit über 300 Km/h. schnell und die Kühe geben immer noch Milch. Mehr als je zuvor.
1891 flog das erste Flugzeug, 1930 das erste Strahlflugzeug, 1942 war die erste Atomexplosion. Die Zeitabstände der großen Erfindungen werden immer kürzer. 1952 baute ich bauleitend die erste Telefonselbstwählvermittlungsanlage für die Deutsche Bundespost von Siemens. Sie nahm einen Raum von 92 Metern Länge und 25 Metern Breite ein. Diese Anlage der heutigen Technik passt nun in einen Kühlschrank. Die Mikrotechnik von heute ist Grundlage der galoppierenden Fortschritte. 1937 wurde von Konrad Zuse, der erste programmgesteuerte Rechner, der Vorläufer des heutigen Computers erfunden. Dieser Lochkarten gesteuerte Rechner füllten einen ganzen Raum aus. Heute nach 75 Jahren haben wir Handys in Scheckkarten Größe mit Rechen- und Speicher-Möglichkeiten von Heimcomputern, die vor einigen Jahren Kühlschrank groß waren.

Die Mikrotechnik hat auch in die Entwicklung der Weltraumtechnik, Kosmologie, Astrophysik und Astronomie Einzug gehalten, die Astronomie mit Teleskopen der unterschiedlichsten Techniken und auch mit Röntgenteleskopen ausgestattet. Sie fliegen als Satelliten rund um den Erdball. Große Teleskope befinden sich im Weltall und machen nie da gewesene Aufnahmen mit einer Sicht bis fast zum Urknall zurück.

In jüngster Zeit hat man wahrscheinlich in Genf die sogenannten Gottesteilchen gefunden. Die Higgs-Teilchen sind das Verbindungsglied, das alle bisher gefundenen Materien zusammenhalten soll. Damit wäre der Aufbau unseres Universums mit weiteren Forschungen wahrscheinlich nachvollziehbar verständlich.

Das Unverständliche am Universum ist im Grunde, dass wir es verstehen können.

Albert Einstein

Von der Keilschrift bis zum Supercomputer

Die Zeitzyklen der Erfindungen werden immer kürzer. Eine Zeitreise über die rasante Entwicklung des Wissens und Handelns des Menschen am Beispiel des Rechners und der Raketen.

Vor ca. 5000

Jahren benutzte man die Keilschrift, um Zahlen mitzuteilen.

Vor ca. 3000

Jahren erfanden die Chinesen das Rechenbrett, (Abakus) ein Rechenrahmen mit Kugeln.

Vor ca. 500

Jahren setzte sich das Dezimalsystem in Europa durch.

Im Jahre 1451

wurde Adam Riese durch seine Rechenbücher
„ Rechnen auf dem Rechenbrett “
als Vater des modernen Rechnens bekannt.

1910

gab es den ersten Fernschreiber.

1928

das erste IBM Lochkartensystem.

1930

Jahren baute Konrad Zuse den ersten Z1 Relais gesteuerten Rechner der Welt. Den Vorläufer des heutigen Computers.
9 Jahre später den ersten programmierbaren Rechner Z2.

1953

Jahren erstellte IBM die erste kommerzielle EDV – Anlage.

1976

begann der Siegeszug des PCs. Zwei Studenten bauten in einer Garage den ersten kleinen Personal Computer zusammen und gründeten die Firma Apple und fanden Einzug in unser Wohnzimmer.

Als Konrad Zuse seinen ersten Computer baute bewältigte er 3 Recheneinheiten in einer Sekunde.

Jahr	*Computer*	*Spitzengeschwindigkeit der Rechner* *(Recheneinheit in einer Sekunde)*
1930	Zuse Z 1	3
1942	Robinson	200
1946	Fl.Colossus	5000
1960	UNIVAC LARC	500.000
1974	CDC STAR-100	100.000.000
1989	ETA 10-G/8	10.300.000.000
1996	Hitachi SR2201/1024	220.400.000.000
2005	IBM Blue Gene/L	136.800.000.000.000
2011	K Computer	10.510.000.000.000.000
2013	Titanhe-2	33.863.000.000.000.000
2016	Sunway	93.000.000.000.000.000. (93 Billiarden Recheneinheiten pro Sekunde)

Das ist in etwa 86 Jahren geschehen.
Eine unvorstellbare Entwicklung für uns Menschen die diese Zeit mit erlebten. Welch eine Entwicklung. Vor 100 Jahren war mein Vater bei der Kavallerie im Krieg in Russland und ist mit einer Lanze im Anschlag auf Menschen losgegangen. Schulausbildung Einklassenschule auf dem Dorf, Rechnen: Note 2 aber für welche Aufgaben.

Zurzeit ist man bei der Entwicklung von Computern, die sich selbst weiter konstruieren, sich selbst verbessern und dem Denken des Menschen sehr nahe kommen.

Ein technisches Gehirn, das denken kann?

Vom ersten Fernrohr zurück zum Urknall.

Unser Universum ist wie wir wissen ca. 13 Milliarden Jahren alt, der moderne Mensch existiert ca.70.000 Jahre.
Als das erste Fernrohr von einem Brillenmacher im Jahre 1608 erfunden und von Galileo Galilei weiter entwickelt wurde, begann die Erforschung des Weltraums. Mondkrater, Sonnenflecken und der Lauf der Venus wurden entdeckt und dadurch auch bewiesen, dass die Planeten um die Sonne kreisen und nicht wie bisher geglaubt, umgekehrt.
Mit einem 4 Tonnen schweren Teleskop, einer Holzkonstruktion, konnte man erstmals im Jahr 1845 Galaxien beobachten.
1937 wurden die ersten Versuche mit einem primitiven Radio – Teleskop vorgenommen, in den Weltraum zu horchen.
Das war der Beginn der Radioastrologie. 1962 umkreiste das erste mit einer Rakete in den Weltraum geschossene Teleskop die Erde.
Das war der erste Blick; ungestört, durch die Erdatmosphäre, in den Weltraum.
Seit dem hat die Astronomie mit ihren Astrophysikern einen enormen Fortschritt gemacht. Am Anfang konnte man nur die der Erde am nächsten Himmelskörper in ihrem Lauf beschreiben.

Mit dem jüngsten Projekt wird man die in den Peruanischen Anden stehenden 66 Teleskope durch einen Großcomputer mit über 134 Millionen Prozessoren, die in einer Sekunde bis 17 Billiarden Rechenoperationen durchführt, zusammenschalten.

Durch diese Maßnahme wird man einem Parabolspiegel mit der Größe eines Fußballfeldes gleichkommen. In den nächsten Jahren sollen weltweit mehrere Tausend Antennen rund um die Erde zusammen vernetzt werden, um dann bis zum Anfang der Entstehung des Universums zurück zu blicken.
Dies ist nur möglich, weil die zu empfangenden Computerdaten der Radio- oder Röntgenwellen, die mit Lichtgeschwindigkeit unterwegs sind, eine unvorstellbare lange Zeit brauchen, um uns jetzt zu erreichen.
In China wird 2017 das größte Radioteleskop der Welt mit einem Durchmesser von 500 Metern in Betrieb gehen und wird uns bestimmt wieder mit neuen Ergebnissen überraschen.

Was dann zu erkennen ist, ist am Anfang beim „Urknall“, beim „Es Werde“ geschehen.

Hierbei erkennen wir die Größe unseres Universums. Wir können heute die Hintergrundgeräusche des Urknalles noch hören weil durch die relative langsame Schallgeschwindigkeit dieses Rauschen erst heute bei uns eintrifft.

Von der V1 bis zu den Planeten

Die schnelle Entwicklung auf dem Weg zu anderen Planeten.

Vor ca 70
Jahren im Jahr 1944, flog die erste Rakete, die V1, mit einer Reichweite von 270 Km, und einer Treffsicherheit in einem Umkreis von 12 Km. Eine Revolution auf diesem Gebiet.

Heute
bringen Großraketen Nutzlasten von ca.10 Tonnen ins Weltall. Zum Beispiel Satelliten.
Eine Rakete brachte den Marsroboter Curiositydas mit einer Nutzlast von 3,4 Tonnen auf den Weg zum Mars. Der Weg dorthin war ca.250 Millionen Km weit, die Rakete brauchte dazu 206 Tage mit einer Landegenauigkeit von 2 Km zum Zielpunkt in einem weiten Krater, bei einem Funkverkehr von ca. 14 Minuten Laufzeit in einer Richtung, hin und her fast eine halbe Stunde.

Eine unvorstellbare Meisterleistung der ESA in Darmstadt begann am 2. März 2004 als die Trägerrakete Ariane 5 G+ mit der 3 Tonnen schweren Sonde Rosetta vom Weltraumbahnhof Kourou in Französisch-Guayana in Richtung des Kometen 67/P/T startete.
Um dieses Ziel zu erreichen mussten viele riskante Manöver von der Sonde ausgeführt werden. Rosetta musste in unserem Sonnensystem den Planeten Erde, Mars die Asteroiden Steins und Lutetia benutzen um durch deren Anziehungskraft neuen Schwung zu bekommen um das gewünschte Ziel zu erreichen. Am 6. August 2014 wurde Rosetta in 100 Kilometer Entfernung zum Ziel auf Schrittgeschwindigkeit abgebremst und am 12. November

2014 der Landeroboter Philae mit einem freien Fall auf der Kometenoberfläsche abgesetzt.

Nach einer Flugzeit von knapp 11 Jahren und einer Wegstrecke von 6,4 Milliarden Kilometern landet Philae auf diesem kleinen Kometen von ca. 3X5 km Größe.
Man nimmt an das er sich seit 4,6 Milliarden Jahren nicht verändert hat, Bohrungen und andere wissenschaftliche Experimente werden mit seinem ausgeklügelten Labor vorgenommen um die Frage zu klären ob das Wasser und die Bausteine des Lebens aus dem Weltall auf diese Erde getragen wurden.
Von allen Experten wurde dieser außergewöhnliche Erfolg gefeiert.

Diese Experimente gehen etwa bis September 2016 dann wird auch Rosetta auf dem Kometen landen und warten bis der Komet der Sonne so nahe kommt dass alles durch die Hitze seine Tätigkeit aufgeben wird. Das sind nur wenige Fakten zu dieser so überaus erfolgreichen Mission.

Wenn jetzt nach den ersten Experimenten angenommen wird dass das Wasser und die ersten Bausteine des Lebens aus dem Weltall auf die Erde gebracht wurden bestätigt das doch immer wieder dass der Ursprung von allem im „ Es werde“ zu finden ist. Egal auf welchem Wege und in welcher Zeit und Zeitabläufen das alles wurde und noch werden wird.

Wenn man dieses galoppierende „Es Werde“ im Wissensstand der Menschenentwicklung sieht, fragt man sich, wie soll das weitergehen. Am Anfang ging alles sehr, sehr langsam und wurde immer schneller und immer rasanter.

Es wird so weitergehen bis die Menschheit begriffen hat wo sie herkommt und wie alles entstanden ist. Weiter bis der ***„Neue Mensch“*** der Bewohner der neuen Erde und des neuen Himmels geworden ist.

Das Ende der Erde

hat die Wissenschaft berechnet. Das Ende der Erde ist für Wissenschaftler ein mit Sicherheit kommendes Ereignis. Die Berechnungen haben in verschiedenen Studien und Modellen ergeben, dass das Ende der Erde in ca. 7 Milliarden Jahren sein wird.

Die Erde wird zerschmelzen. In ca. 1,5 Milliarden Jahren wird die Sonne, weil ihr atomarer Brennstoff verbraucht ist, sich immer mehr ausdehnen. Sie wird heller, größer und heißer.

Auf der Erde wird die Temperatur immer heißer, die Meere werden verdunsten und im Todeskampf der Sonne wird die

Erde verglühen. Lebewesen gibt es seit langer Zeit nicht mehr.
Die Erde wird verglühen wenn sie nicht vorher von einem sogenannten Schwarzen Loch verschlungen wird.

Die alte Erde wird vergangen sein, wie es in Offenbarung 21. Vers 1 heißt: „....**denn der erste Himmel und die erste Erde sind vergangen und das Meer ist nicht mehr.“**
Das deckt sich wieder mit den Aussagen der Wissenschaft.
So geht das vom Anfang bis zum Ende der Bibel.
Deshalb gibt es für mich keinen Zweifel an der Wahrheit der Bibel und der Glaubwürdigkeit der Wissenschaft.

Bevor die Erde ihrem Ende zugeht, wird noch einiges geschehen.

Dass der neue Himmel und die neue Erde entstehen werden, so wie es in der Bibel im Alten Testament in *Jesaja 65 Vers 17 und im Neuen Testament in Petrus 3 Vers 13 und in der Offenbarung 21 Vers 1* geschrieben steht war für mich immer eine feste Überzeugung. Wie alles abläuft wird aber in Zukunft weiterhin eine unbeantwortete Frage bleiben.
Die Erkenntnisse von unterschiedlichen Wissenschaftlern hat mich zu der Überlegung veranlasst nachzudenken wie das in Zukunft ablaufen könnte ohne zu behaupten das das auch so zutrifft. Dadurch wurde ich in meinem Glauben nur noch mehr bestätigt und die Zukunft ist mir zur Gewissheit geworden.

Mein Resümee

Gott steht über allen Naturgesetzen. Er hat sie geschaffen. Alles ist in den Worten „Es Werde“ enthalten. Die Worte Gottes haben alles Geplante in Gang gesetzt. Das Universum hat sich gebildet. Bei diesem Werden wurde auch die Erde in dem unvorstellbaren großen Weltall geschaffen. In eine Position, die mit Sonne und Mond so fixiert wurde, dass Leben entstehen konnte. Ein bis jetzt einmaliger Glücksfall in diesem enorm großen Universum wo es schätzungsweise 10 Trilliarden, also eine 1 mit 22 Nullen, Sterne geben soll. Dieser Ablauf der Entwicklung sowie auch alles noch Folgende sind in der Bibel berichtet und vorhergesagt.

Gott hat zur gegebenen Zeit die 10 Gebote übermittelt, daraus entstand das Judentum. Zu seiner Zeit seinen Sohn auf die Erde geschickt. Daraus entstand das Christentum. Jesus hat die Apostel in alle Welt gesandt, um weltweit sein Werk zu bauen und die Menschheit auf das Wiederkommen Christi vorzubereiten.

Die Wissenschaft ist seit langer Zeit dabei, unabhängig von der christlichen Lehre, die Entwicklung von Fauna, Flora und des Menschen zu erforschen.

Wie schon berichtet sind viele Erkenntnisse zu verzeichnen, die mit der Bibel übereinstimmen.

Leben erzeugen kann man allerdings nicht. Noch nicht einmal die einfachsten Einzeller die primitivsten Lebewesen. Aber schon kopieren.

Wunder werden oft versucht mit irdischen Naturgesetzen zu erklären. Selbst wenn man Naturgesetze als Auslöser von Wundern einsetzt, stellt sich die Frage: Wenn Gott der Herrscher über die Naturgesetze ist, darf er diese wohl zu seinem Dienste anwenden?

Wenn beispielsweise behauptet wird, dass beim Durchgang des Volkes Israels durch das Rote Meer die Nordwinde so stark waren, um dem Wasser entgegen zu wirken und dadurch der Wasserfluss zum Stehen kam. Andere sagen, am Oberlauf des Nils gab es ein Erdbeben und deshalb wurde der Lauf des Wassers aufgehalten.
Wie das geschah ist eigentlich nicht unbedingt wissenswert, die Hauptsache ist doch, dass Gott zur richtigen Zeit an der richtigen Stelle etwas geschehen lies, um beispielsweise sein Volk vor den Verfolgern zu bewahren.

Gott hat also bereits vor längerer Zeit klimatische und tektonische Ereignisse so präzise bereitgestellt, dass sie just zu dem Augenblick auftauchten, an dem das Volk Israel ratlos vor dem Fluss steht. Dies ist nur ein einziges der vielen Wunder zur Erfüllung der zuvor in der Bibel geschilderten Ereignisse zum Wohle derer, die an ihn glaubten.

Wunder sind für mich Dinge, die man erlebt, um von Dingen bewahrt zu bleiben, oder wenn Unvorhersehbares geschieht. Besonders, wenn man seinen himmlischen Vater um eine Lösung ersucht. Manchmal geschieht das eine oder andere an einem bestimmten Ort zu dieser Zeit ganz unverständlich, um uns vor einer Sache zu bewahren oder um uns zu erfreuen, etwas Unglaubliches. Es ist Unglaubliches geschehen. Solches habe ich am eigenen Leib schon mehrmals erlebt.

Gott hat die Zehn Gebote durch Moses dem Volke Israel überreicht, die Grundlage fast aller menschlichen und christlichen Gesetze.

Später sandte er seinen Sohn, um sein Erlösungswerk aufzubauen. Jesus erwählte seine Apostel mit den Worten „Gehet hin in alle Welt und lehret alle Völker...."

Nach dem Wiederkommen von Jesus (Off.20.1-6), und nach der großen Trübsal wird das 1000 jährige Friedensreich, von dem keiner weiß, wann und wie lange es dauert, errichtet.

Vor relativ kurzer Zeit haben Menschen in unserem Kulturraum, im Namen Gottes, Menschen verdammt und umgebracht, die nicht ihres Glaubens waren. Kriege wurden im Orient geführt, um den christlichen Glauben zu verbreiten. Heute geschieht das teilweise in entgegen gesetzter Richtung.

Bei uns hat sich diesbezüglich im christlichen Bereich viel geändert. Heute sind verschiedene Glaubensgemeinschaften mehr oder weniger bemüht, bestehende Schranken abzubauen und zu versuchen einen gemeinsamen Weg zu finden, um christlich gemeinsam den Glauben zu verkünden.

Es war ein langer Weg und es bedurfte mehrerer Reformatoren wie beispielsweise: Luther, Melanchthon, Zwingli, Calvin und viele andere in der Vergangenheit, um die alten von Jesus zu seiner Lebenszeit gemachten Wege wieder gangbar zu machen.

Auch wurden in meiner Kindheit noch Menschen anderer Hautfarbe im Zoo als Exoten ausgestellt und als Individuum zweiter Klasse behandelt. Heute stehen die gleichen Menschen als Professoren vor uns und lehren uns an Universitäten. Man sieht welche Fähigkeiten im Menschen verborgen sind man muss sie nur wecken.

Auch hier hat sich eine Vision, ein Traum von Martin Luther King erfüllt. Leider aber nicht überall.

Aus der Vergangenheit, der Zeit der grauenhaften Kriege und der massenhaften Menschenvernichtung vor nicht allzu langer Zeit, hat man gelernt. Solches Unrecht wie es in der Vergangenheit erlebt wurde, darf nicht mehr geschehen.

Aus dieser verhängnisvollen Vergangenheit hat 1948 ein Teil der Länder der Welt die UNO gegründet und die Menschenrechte verabschiedet.

Ein Friedensreich wird nach einem mühevollen Weg wenn die Religionskriege überwunden sind und die Extremisten von Glaubensgemeinschaften und die, die diese zu politischen Zwecken benutzt haben, nicht mehr existieren. Wenn alle sagen:
„Alle Menschen sind gleich ohne Unterschied......................"

Ich bin der Meinung, dass, alles was auf Erden geschehen ist und noch geschehen wird, in die Naturgesetze und ihrer Verwalter eingebunden ist. Gott hat immer Menschen und deren Handlungen benötigt, um seine Vorhaben zu realisieren.
Auch das Friedensreich wird meiner Ansicht nach so entstehen. Die vielen Bemühungen durch diverse gewaltlose Friedenskämpfer (Albert Einstein, Mahatma Gandhi, Martin Luther King, Nelson Mandela und andere.) haben in der Vergangenheit schon enorm viel verändert und aus ehemaligen Feinden Freunde gemacht.
Auch die Globalisierung wird dazu beitragen dass Menschen am Ende friedlich zusammenleben können ist meine Meinung.

Ein kleines Beispiel dazu: Nach dem verheerenden letzten Weltkrieg 1939-1945 haben unsere ehemaligen Feinde in unser Land viel Geld investiert und viele Unternehmen in ihren Besitz gebracht. Seid dieser Zeit sind wir Freunde und gegenseitig abhängig.
Bei der Globalisierung wird sich dieser Trend fortsetzen.
Am Ende werden alle so verflochten sein, dass keiner dem Anderen ein Leid zufügen will, da er sich im Endeffekt selbst treffen würde.
Es ist noch ein langer Weg bis dahin und wird bestimmt auch Rückschläge geben, weil es immer auch Menschen anderer Meinung gibt.

Friede für alle wird das Motto sein, alle Gewalttätigen isolieren sich von der übrigen Gesellschaft.

Die Vernunft wird siegen.
Ein Anfang zu einem Friedensreich ist bereits gemacht durch die Menschenrechte der UNO vom 10.12.1948, wo es unter anderem heißt

...alle Menschen sind gleich ohne Unterschied nach Rasse, Hautfarbe, Geschlecht, Sprache und Religion politischer oder sonstiger Anschauung...................

Auch ist der internationale Gerichtshof in Den Haag ein Anfang für ein gutes Zusammenleben aller Menschen. Also für ein gemeinschaftliches, friedliches Zusammenleben in einem Friedensreich.
Im Friedensreich stehen die noch lebenden Menschen nur im Einflussbereich der Regierung Jesu. Fast alle Menschen leben nach diesen Gesetzen.

Liebe deinen Nächsten wie dich selbst.

Für alle gibt es genug zum Leben bei einer göttlichen Gerechtigkeit für alle.

Liebe deinen Nächsten wie dich selbst, wird dann endlich für alle möglich sein.
Zuvor wird ein ideologisches System, meiner Ansicht nach, diesem Geschehen skeptisch gegenüberstehen und mit allem ihm zur Verfügung stehenden Mitteln versuchen, dieser Entwicklung ein Ende zu bereiten.
Dies wird dann zu der vorausgesagten Großen Pein führen oder so ähnlich. Davor wird aber, wie in der Offenbarung der Bibel steht, das Wiederkommen Jesu stattfinden und die darauf folgenden Ereignisse werden wie schon beschrieben stattfinden. Wann, wie, wo das stattfindet, bleibt uns verborgen. Das ist auch nicht wichtig. Dass es stattfindet wird genau so eintreffen wie alles andere, das bis jetzt Geschehene, was so in der Bibel beschrieben ist.
Der „Neue Mensch" also alle die Gnade vor Gott gefunden haben, werden Bewohner von Gottes neuer Schöpfung sein und dürfen ewige Gemeinschaft mit ihm haben. Ich bin der Meinung, dass damit das Ebenbild Gottes endlich, wie angekündigt, geschaffen ist und wird dann Bewohner in Gottes neuer Schöpfung sein, wo es keine Irdische Zeit mehr geben wird.

Die Zeit in Relation – Ewiges Leben.

Vor 100 Jahren hat albert Einstein die umstrittene „Grundlage zur allgemeinen Relativitätsthese“ veröffentlicht. Er fand damals wenige Freunde für sein Werk.

Sein damalige Glaube bedarf 100 Jahre um anerkannt zu werden. Erst jetzt konnte man seinen Glaube beweisen.
Die Lichtgeschwindigkeit hatte man mehrfach gemessen und kam auf eine Geschwindigkeit von 299.742.458 Meter pro Sekunde. Schon damals galt die These das Raum und Zeit eine konstante sind. Wenn man einem Lichtstrahl hinterher eilen könnte würde er sich immer von einem entfernen. Je schneller man wird desto kürzer wird der Abstand und die Zeitlänge zum Lichtstrahl wird immer langsamer. Experimente haben herausgefunden dass Uhren die man in extrem schnellen Flugzeugen mitführte tatsächlich langsamer liefen. Das ist nur ein kleiner Teil von Einsteins Theorie.

Wenn die Relativitätstheorie von Albert Einstein beweist, dass Zeit und Bewegung voneinander abhängig sind, also die Geschwindigkeit eine maßgebliche Dominante dabei spielt, ist das in dem Paradebeispiel der sogenannten hypothetischen Zwillinge zu erörtern.

Wenn beispielsweise ein Zwillingsbruder auf Erden wartet, bis sein Bruder, der mit einer Rakete eine 30 jährige (Erdzeit) Rundreise im Weltall mit **fast** Lichtgeschwindigkeit macht, wieder bei ihm landet, muss er feststellen, dass sein Bruder nur um 2 Jahre gealtert ist, wogegen er 20 Jahre älter wurde.
Die Lösung ist in dem langsameren Laufen der Uhr an Bord zu sehen. Die Uhr auf der Erde lief schneller. Wenn sich also theoretisch ein Mensch mit Lichtgeschwindigkeit

bewegen könnte, würde er nicht altern. **Er würde ewig leben.**

Ein Beweis dafür ist das Fliegen der erwähnten Eintagsfliege (Seite 18) mit dem Flieger nach New York. Sie erlebte dabei die Ereignisse die sie in über 500 Lebenszyklen erlebt hätte.

Das ist ein wissenschaftliches Beispiel für ewiges Leben.
Der Mensch ist durch seine naturbedingte Struktur seit der Geburt dem Altern unterworfen,
(siehe den Unterschied der Haut eines Babys und die eines 2 Jährigen.)
Der ausersehene Mensch wird nach der Verwandlung einen unverweslichen Leib tragen. Kor.15.44.
Wenn schon im Beispiel der Zwillinge zu ersehen ist, dass unser Körper an die Zeitlichkeit gebunden ist und unsere Zukunft von ihr unabhängig ist, ist es für mich ein Kleines, unsere Zukunft in der neuen Welt ohne Zeitlichkeit, in der Ewigkeit, zu verstehen.

Das wir uns mit einer Geschwindigkeit von 29,8 Km in der Sekunde im Erdumlauf befinden, ist von uns nicht zu bemerken. Wir sind samt der Atmosphäre an die Erde gebunden.
Von einem anderen Himmelskörper aus gesehen würden wir mit einer rasanten Geschwindigkeit mit der Erde rotieren.
Die Lichtgeschwindigkeit beträgt ca. 300 000 Km in der Sekunde. Wenn es möglich wäre, sich mit dieser Geschwindigkeit zu bewegen, könnte man jeden Ort dieser Erde innerhalb von höchstens 0,06 Sekunden erreichen, denn mit Lichtgeschwindigkeit hätte man die Erde in einem Wimpernschlag umrundet.

Heutige Computer schaffen mit Lichtgeschwindigkeit in einer Sekunde 93.000..000.000.000.000. Recheneinheiten.

Dass das alles nur Denkanstöße sind möchte ich besonders bemerken. Es lohnt sich, wenn man daran Interesse hat sich mit diesem Thema zu beschäftigen.

Für mich ist das alles einfach zu verstehen, denn es ist eine logische Abfolge von den in der Bibel beschriebenen Ereignissen, die immer noch im „ Werden" sind.
Wenn wir mitdenken werden wir von einer Erkenntnis zur anderen geführt.

Wenn man die neusten Erkenntnisse der Wissenschaft
„Neuster Stand der Wissenschaft"
nennt, muss man die neusten Erkenntnisse im Glauben:
„Neuster Stand des Glaubens"
nennen,

Es ist alles relativ einfach zu verstehen man muss nur wollen und etwas Zeit investieren.

meint euer Vater,
Opa ünd
Urgroßvater.

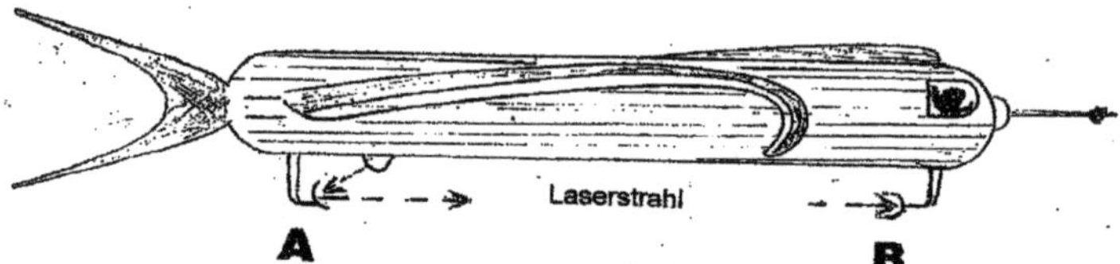

1) Bei normaler Geschwindigkeit des Raumschiffes läuft der Laserstrahl von **A** nach **B** in Lichtgeschwindigkeit ohne Zeitverlust.

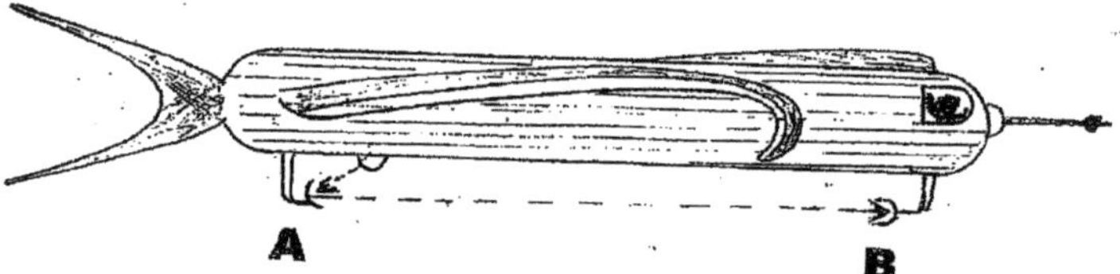

2) Wenn das Raumschiff knapp unter der Lichtgeschwindigkeit fliegen würde dauerte der Laserlichtstrahl zeitlich länger um den Punkt **B** zu treffen.

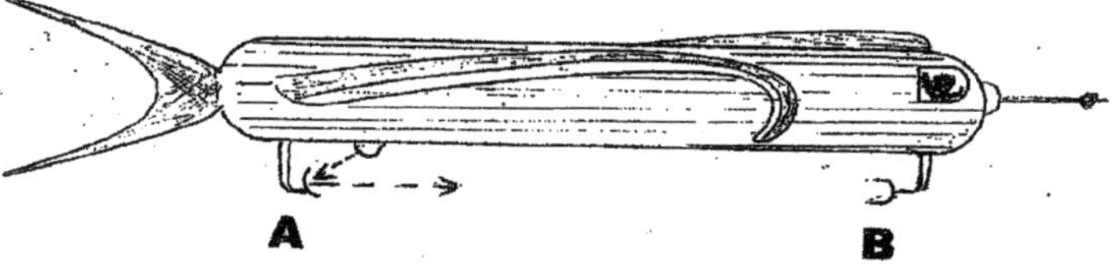

3) Sollte das Raumschiff mit Lichtgeschwindigkeit fliegen dann würde de Lichtstrahl den Punkt **B** nie treffen denn **Raum und Zeit** wären gleichgroß. Man könnte sagen die Zeit dauert **ewig.**
Wenn sich alles mit Lichtgeschwindigkeit bewegen würde.

Anmerkung: Ich möchte ausdrücklich feststellen, dass das geschriebene, meine persönliche Meinung ist.
Meine Recherchen sind nach bestem Wissen und Gewissen erfolgt aber Fehler sind nicht auszuschließen .
Wenn ihr Fehler findet nennt sie mir bitte.

Fritz.Idler@gmx.net

.

Literaturverzeichnis

Abenteuer Weltall - Weltbild Verlag
An Anfang war der Wasserstoff - Verlag Hoffmann und Kampe
Calwer Bibelkonkordanz - Calwer Verlag
Das Jahr Millionenbuch 2Bd. - Wissen Media Verlag
Das biblische Zeugnis der Schöpfung - Hänssler Verlag
Das Schicksal des Universums Goldmann Verlag
Der Quanten Kosmos - S.Fischer Verlag
Die Bibel - Deutsche Bibelgesellschaft
Es werde Licht - Schneekuhl Verlag
Katechismus der Neuapostolischen Kirche - Bischoff Verlag
Kosmische Doppelgänger - Springer Verlag
Kosmologie für Fußgänger – Goldmann Verlag
Sündenfall und Urknall - I Quell Verlag
Und Gott schuf Darwins Welt - Brunnen Verlag
Urknall und Schöpfergott - Brockhaus Verlag
Vom Faustkeil zum Laserstrahl - Das Beste Verlag
Vom Urknall zum Verfall – Piper Verlag
Wer schrieb die Bibel - Anaconda Verlag
www.raumfahrer.net/news
www,esa/news

Meine Jugendbücher, nochmals gelesen:
Alle Bücher von Jules Verne - teilweise in Weltbild Verlag
Alle Bücher von Hans Dominik – antiquarisch

Mein Leben

84 Jahre meines Lebens und kein Tag vergebens.

Fritz Idler beginnt 1927 in einer instabilen politischen Lage sein Leben. Er ist in Frankfurt am Main aufgewachsen.
Jahre der Weltwirtschaftskrise und die Machtübername Hitlers kamen. Sein Weg führte ihn als Lehrling bei Siemens über Hitlers Führerbau verwundet in britische Gefangenschaft.
In diesem Buch rekapituliert Fritz Idler sein Leben. Das Ergebnis ist eine vielseitige und ereignisreiche Geschichte. Sie gewährt Einblicke in die Wirren des zweiten Weltkrieges, den Wiederaufbau Deutschlands und die weltweite Reisetätigkeit
als Fotograf und Berichterstatter. Ein Zeitzeuge dieser bewegten Zeit

Vor seiner Rente war er Geschäftsführer der Druckerei Friedrich Bischoff.
In seiner Altersruhezeit ist er weiterhin tätig.
Er schreibt, baut und bastelt alles was ihm Spaß macht

Nun hat er auf Wunsch seiner Kinder und Enkelkindern dieses Buch geschrieben

212 Seiten 14,8 X 21cm
Best. Nr: 9783732295395

E-Book BOD Verlag